U0183062

米莱知识宇宙

哇！微观化学世界

米莱童书 著/绘

北京理工大学出版社
BEIJING INSTITUTE OF TECHNOLOGY PRESS

推荐序

非常高兴向各位家长和小朋友们推荐《启航吧，知识号：哇！微观化学世界》科普童书。这是一本有趣的化学漫画书，它不同于传统的化学教材，而是用孩子们乐于接受的漫画形式来普及化学知识。这本书通过生动的画面、有趣的故事，结合贴近日常生活的场景，深入浅出，寓教于乐，在轻松、愉悦的氛围中传授知识。这不仅能够帮助孩子初步认识化学，还能引导他们关注身边的化学现象，培养对化学的浓厚兴趣。

化学是一个美丽的学科。世界万物都是由化学元素组成的。化学有奇妙的反应，有惊人的力量，它看似平淡无奇，却在能源、材料、医药、信息、环境和生命科学等研究领域发挥着其他学科不可替代的作用。学习化学是一个神奇且充满乐趣的过程：你会发现这个世界每时每刻都在发生奇妙的化学变化，万事万物都离不开化学。世界上的各种变化不是杂乱无章的，而是有其内在的规律，都被各种化学反应式在背后“操控”。学习化学就像是“探案”，有实验室里见证奇迹的过程，也有对实验结果的演算分析。

化学所涉及的知识与我们的日常生活息息相关，化学变化和化学反应在我们的身边随处可见。在这本科普漫画里，作者用新颖的形式带领孩子探究隐藏在身边的“化学世界”。在探究真相的过程中，可以培养孩子学习化学知识的兴趣，也可以提高科学素养。

愿孩子们能从这本书中收获化学知识，更能收获快乐！

李永舫

中国科学院院士，高分子化学、物理化学专家

目录

分子和原子

目录

元素

单质和化合物

目录

溶液

1

MOLECULES AND ATOMS 分子和原子

什么是分子

很久以前，学者们就在思考一个问题：物质是由什么构成的？
他们提出了一个构想，认为物质是由肉眼看不到的微小粒子构成的。后来，这个构想被证实了。世界的确是由微粒构成的。什么是微粒？比如……
大家好，我叫分子！
我是一种微粒，是很小很小的小不点儿。
我太小了，通常你是看不见我的。

分子很小，而通过一些先进的科学仪器，可以清楚地看到它们。

我们的眼睛虽然看不到分子，但它们却**无处不在**。
在你周围的东西里，几乎都可以找到我。

生活中常见的水，就是由无数的水分子构成的。

我们呼吸的空气里，有许多不同的气体分子。

分子是个小不点儿，
它的质量和体积通常都很小。
指针啊，你可以动一下，让我感受到自己的存在吗？

一滴水够小、够轻了吧，可一滴水含有的水分子的数量却庞大得惊人。
看到了吗？一滴水中有这么多的水分子。
=1670000000000000000000
假如全世界的人都来数一滴水中的分子，每个人每分钟数100个，就算一分一秒都不停歇，大概需要4 000多年才能数完。

物质中的分子排列得密密麻麻，但分子与分子之间也有间隔。气态物质分子间的间隔比较大，液态物质分子间的间隔次之，固态物质分子间的间隔比较小。
气体
水
铝
我们这边密度小。
我们这边密度大。

分子与分子间的间隔，还与温度有关。
受热时，分子间的间隔会增大，物体就会膨胀。
太热了，离远点。

遇冷时，分子间的间隔会减小，物体就会缩小。
太冷了，抱紧点。

不同的分子

还有一种特别的分子，叫高分子，也叫高分子化合物。
虽然它们也很小，但是比一般的分子要庞大得多。
高分子的相对分子质量很大。
它们虽然看似复杂，但其实结构比较简单。
高分子在常温下，通常都处于固态或液态。
高分子的用途非常广泛，生活中常见的塑料脸盆、橡胶轮胎、树脂眼镜、纤维衣服等都是用高分子材料做成的。

分子的运动

分子很不安分，一有机会，它就做毫无规则的运动。
我就是喜欢这样不停地乱跑。

分子的运动，你可以“闻到”。当你走过花圃，闻到花香，就是因为分子在运动。
香味分子通过运动进入空气，然后被吸进鼻子里！

分子的运动，你可以“尝到”。
糖块放进一杯水里，糖分子分布在水中，水就会变甜！这也是分子运动的结果。

湿衣服挂起来会慢慢变干，也是由于**分子**在不停地运动。
分子的运动，你可以“**感受**”到。
衣服中的水分子一点点跑了出去，衣服就变干了。

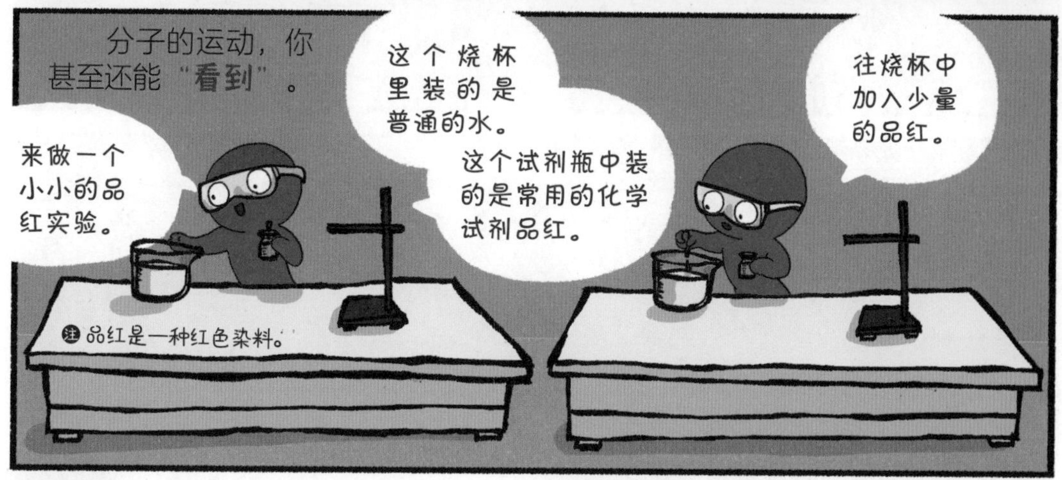
分子的运动，你甚至还能“**看到**”。
来做一个小小的品红实验。
这个烧杯里装的是普通的水。
这个试剂瓶中装的是常用的化学试剂品红。
往烧杯中加入少量的品红。
注 品红是一种红色染料。

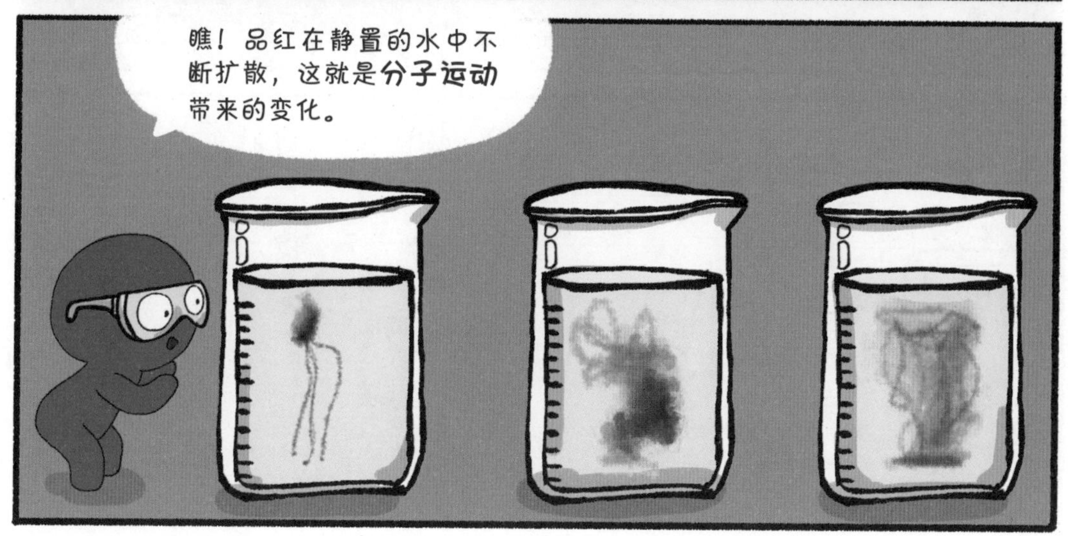
瞧！品红在静置的水中不断扩散，这就是**分子运动**带来的变化。

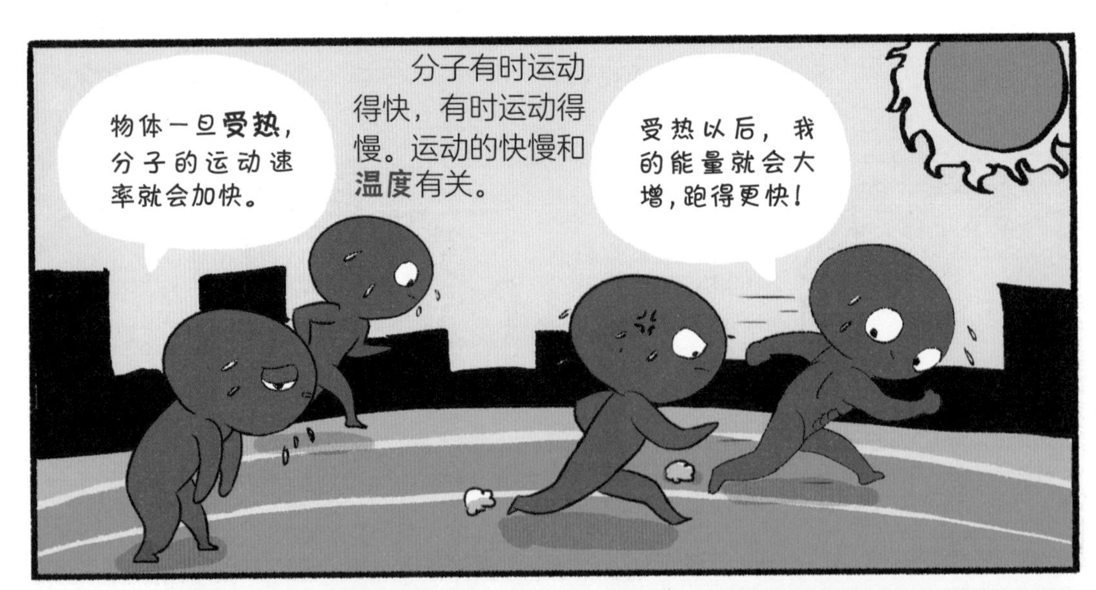
物体一旦受热，分子的运动速率就会加快。
分子有时运动得快，有时运动得慢。运动的快慢和温度有关。
受热以后，我的能量就会大增，跑得更快！

湿衣服放在火上烤能更快变干，因为受热后，衣服中的水分子更快地跑了出去。

把品红实验中烧杯里的水换成热水，品红会更快地扩散。

分子之间存在着引力，当拉伸、折断物体时，你就能感受到这种力。
粉笔可以在黑板上写字，胶水可以把东西粘在一起，两个光滑的铅块压紧后会粘在一起，就是因为分子之间的引力在起作用。
使劲拉……拉不断！
使劲挤……挤不动！
同时，分子之间也存在着斥力，当压缩物体时，你就能感受到这种力。
木头、石块、水……很难被压缩，就是因为分子之间的斥力在起作用。

什么是原子

你有没有想过一个问题：
把一块糖分成两半，每一半会是什么？
你肯定知道，分开的糖，还是糖，是甜的。
如果继续分下去，一直分下去，直到分成一个糖分子（如果可以的话）。
即使是一个肉眼看不到的糖分子，它依然是糖，还是甜的。

这个糖分子还可以继续分割吗？如果可以，再分割会变成什么样呢？
分子可以分成更小的原子。

大多数分子是由**原子**构成的。
有一些分子，甚至由同一种原子构成。
我们每天呼吸的空气中，1个氧分子就是由2个氧原子构成的。
O_2
氧原子
1个水分子是由1个氧原子和2个氢原子构成的。
H_2O
大多数的分子，由两种或者更多种的原子构成。
如果把原子和乒乓球相比，就相当于把乒乓球和地球相比。

在化学变化中，分子可以分成原子。原子又可以结合，形成新的分子。
分
合
合

分子可以在化学变化中变成其他不同的分子。比如，氢气分子和氧气分子结合发生变化，先分成氢原子和氧原子，然后氢原子和氧原子结合，形成**水分子**。

在化学变化中，**原子不能再分**，而分子会变成其他分子。

原子的结构

原子虽然在化学变化中不能再分，但原子却是由更小的粒子构成的。原子的中心是**原子核**。
原子核由两种小粒子构成，分别是**质子和中子**。
质子
中子

在原子核的外围，还有更小的**电子**，它们绕着原子核不停地运动。
电子

1911 年，又有人提出：原子的大部分是**空的**，它的中心是一个很小的原子核，核外电子按一定轨道围绕原子核运动。这种模型就像行星绕太阳运动一样。

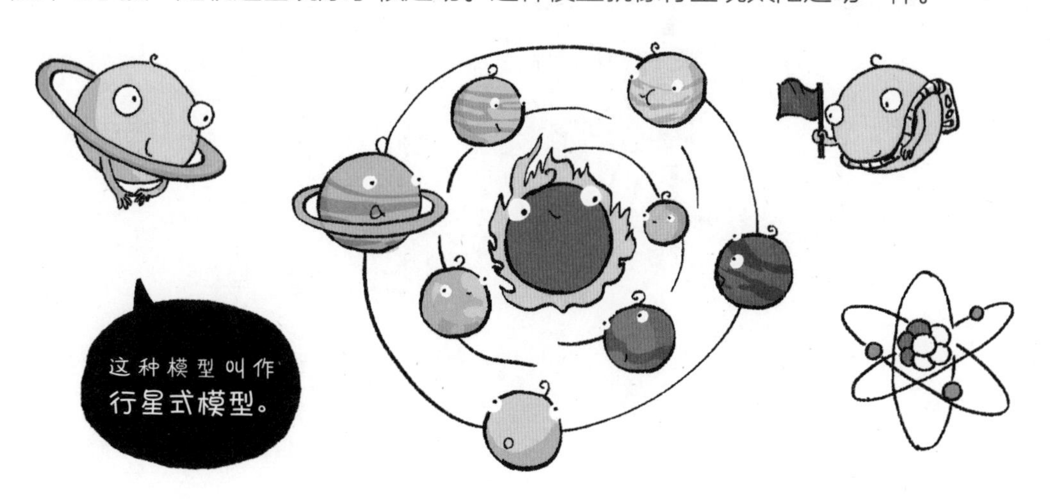

后来又有科学家提出电子在原子核外很小的空间内做高速运动，它们的运动轨迹非常杂乱，毫无规律可循。瞧瞧这张图，上面密密麻麻的黑点，就是电子运动时出现过的地方。

如果将原子看作一个体育场，原子核只有体育场中的一只蚂蚁那么大，剩下的空间都是电子运动的“地盘”。
电子有能量，离原子核近的电子，能量比较低，离原子核越远的电子，能量越高。

离子

质子带一个单位正电荷。
电子带一个单位负电荷。
通常，原子核内带正电的质子和带负电的电子数量相等，所以原子就不带电了。
嘿嘿，这次不会被电到了。

但是原子也可以得到或者失去电子，一旦发生这种情况，粒子就又带电啦！
这种带电的粒子，就叫作**离子**。
失去电子的原子，会带正电，成为**阳离子**。
得到电子的原子，会带负电，成为**阴离子**。

似乎看起来没什么特别的。但如果用两根导线，一头连接锌片和铜片，另一头连着二极管，二极管会有什么现象？

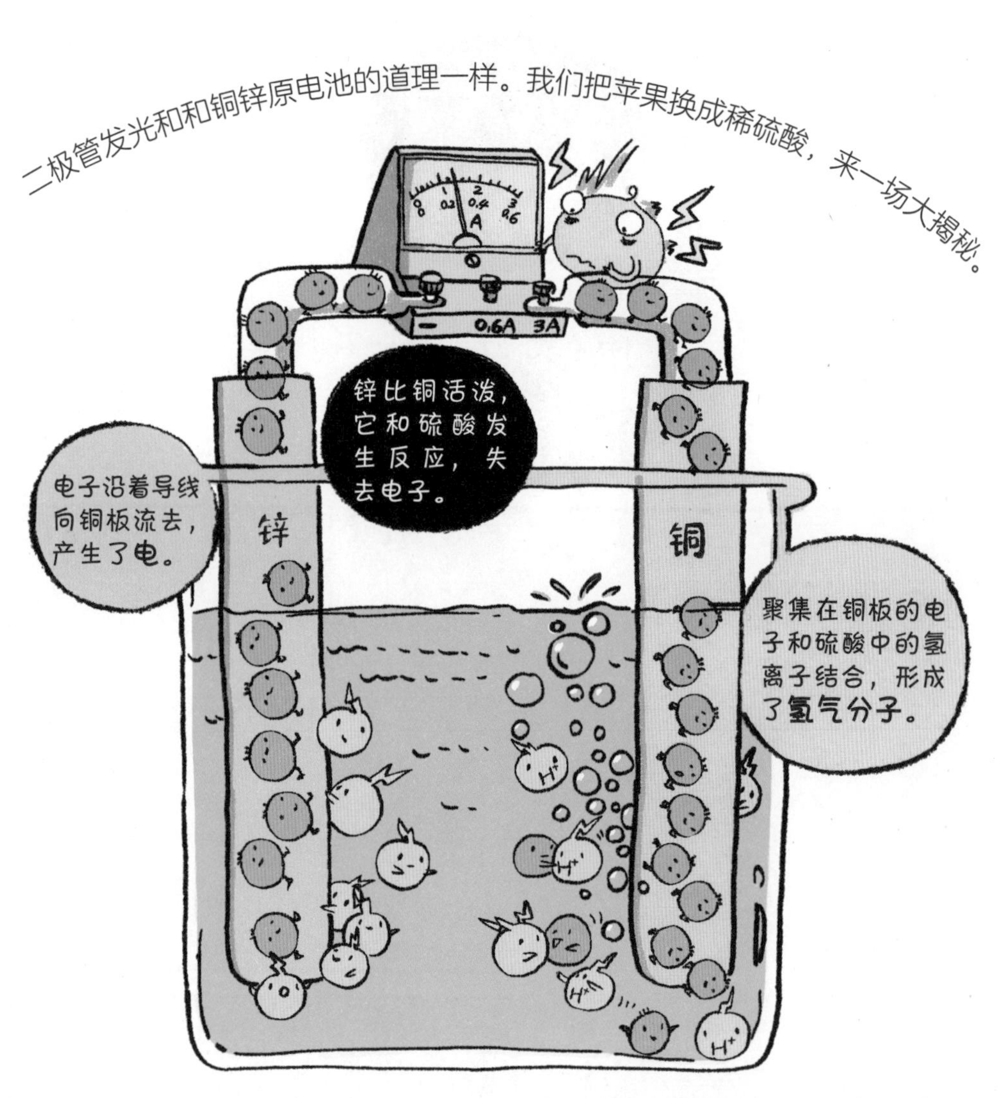

二极管发光和和铜锌原电池的道理一样。我们把苹果换成稀硫酸，来一场大揭秘。
锌比铜活泼，它和硫酸发生反应，失去电子。
电子沿着导线向铜板流去，产生了电。
锌
铜
聚集在铜板的电子和硫酸中的氢离子结合，形成了氢气分子。

铜锌原电池中，锌板是电池的负极，铜板是电池的正极。其他原电池产生电的原理，和它是一样的。

电子

有的原子中的电子数量很少，就只有1层，这一层的电子数就不超过2个。

氢原子只有1个电子层，只有1个电子。

核外电子运动杂乱无规律，但它们在原子核外却很有规矩地一层层排列。

最外层的电子数不会超过 8 个（只有 1 层的，电子数不超过 2 个）。最外层有 8 个电子的原子比较稳定，不容易与其他物质发生反应。

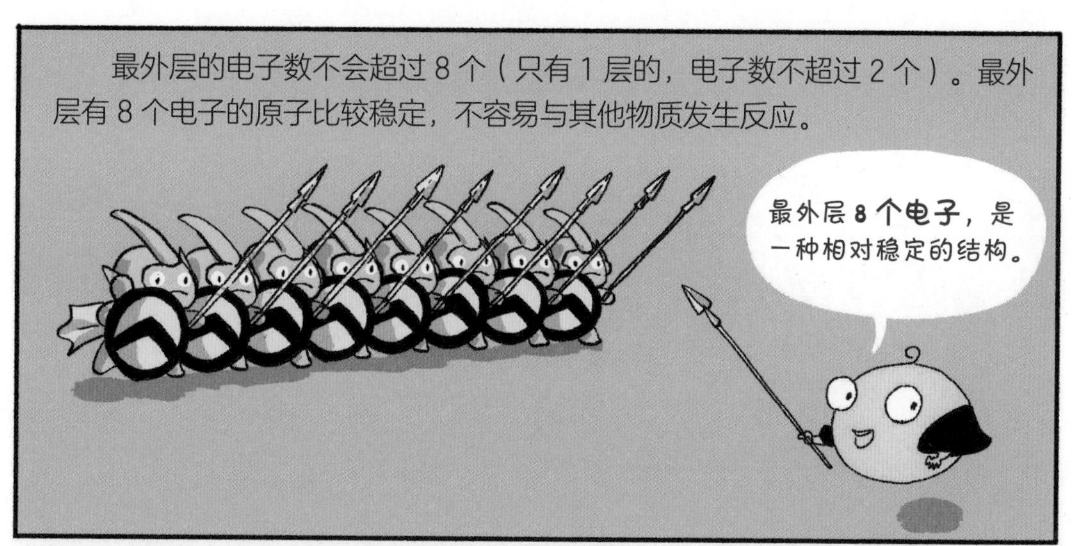

最外层电子少于 4 个的原子，在反应中容易失去电子；最外层电子多于 4 个的原子，在反应中容易得到电子。

钠原子最外层只有 1 个电子，氯原子最外层有 7 个电子。它们发生反应时，钠原子最外层的电子就会转移到氯原子上。

化学键

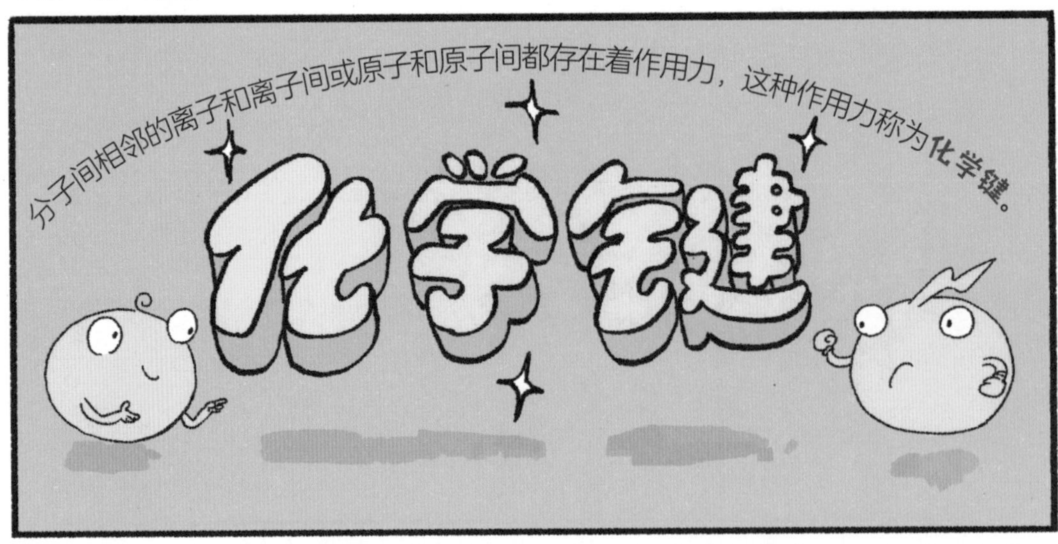

分子间相邻的离子和离子间或原子和原子间都存在着作用力，这种作用力称为**化学键**。
化学键

钠原子被氯原子夺走一个电子，分别形成了带正电的**钠离子**和带负电的**氯离子**。
Bye

它们因为带有相反的电荷而产生了**离子键**，相互吸引并结合在一起，形成了**氯化钠**。

原子和原子之间，会因为共同使用电子对而形成相互作用的**共价键**。

一个氢气分子由两个氢原子构成，两个氢原子共同分享一对电子，形成了稳定结构。
我们把各自唯一的**电子**拿出来共用。

氯化氢分子由氢原子和氯原子构成，它们之间也共用一对电子，氢原子和氯原子分别形成稳定结构。
氢原子和氯原子分别拿出一个**电子**共用。

原子的质量

原子也有质量，构成原子的是质子、中子和电子。这些微粒的质量非常轻。

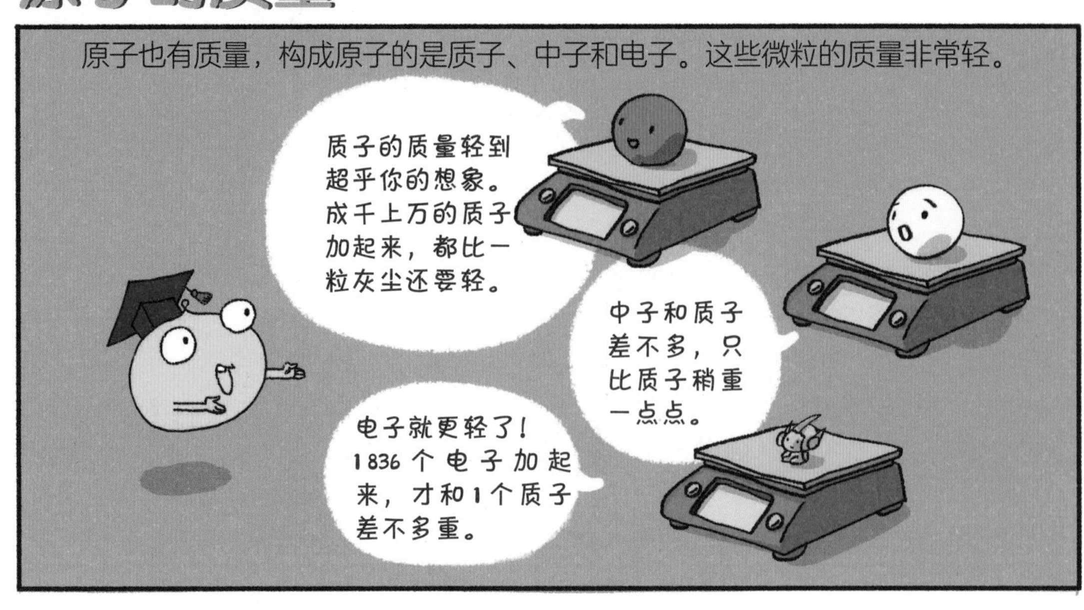

因为原子的质量实在太小了，写起来、用起来都很不方便，人们就想了个办法，把一种碳原子质量的十二分之一作为标准，其他原子的质量与它比较得到相对原子质量。
氢原子只有一个质子，它的相对原子质量大约是1。
1.008
氦原子有两个质子，两个中子，它的相对原子质量大约是4。
4.003
氧原子的相对原子质量约是16。
16.00
碳原子的相对原子质量约是12。
12.01
平时常见的铁的原子，它的相对原子质量是55.85。
55.85
C
H

原子蕴藏的能量（核裂变和核聚变）

核裂变能够产生巨大的能量，人们将它用在军事上，发明了**原子弹**。
原子弹爆炸的威力非常大，能够产生强大的冲击波和**核辐射**。
它的破坏力惊人，是非常危险的武器，不能轻易使用。

原子核还可以发生核聚变，两个原子核碰撞在一起发生聚合作用，会变成更重的原子核，同时释放出巨大的能量。
只有比较轻的原子才能发生核聚变。
核聚变发出的能量比核裂变还要大。太阳发光发热，是因为它时时刻刻都在发生着核聚变。

核聚变也被人们
用在军事上，发
明了比原子弹威
力更大的氢弹。

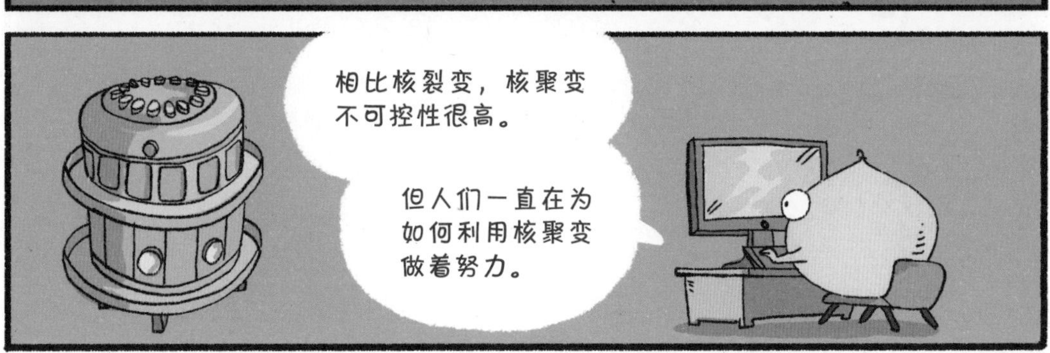
相比核裂变，核聚变
不可控性很高。
但人们一直在为
如何利用核聚变
做着努力。

总结

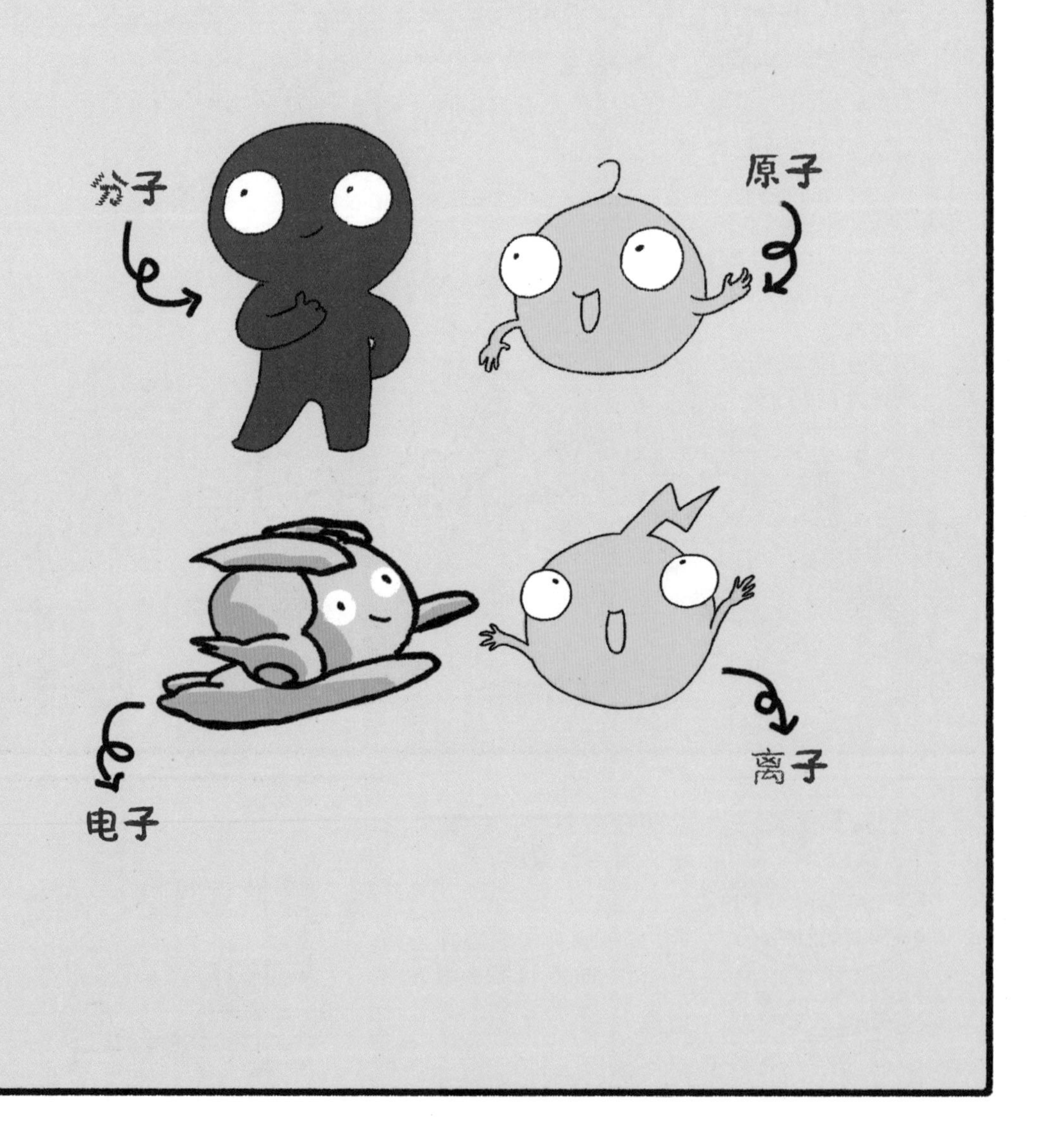

思考

问答收纳盒

什么是分子？ 分子是保持物质化学性质的最小粒子。一颗糖可以分成数不清的糖分子，每一个糖分子都是甜的。

什么是原子？ 原子是化学变化中的最小粒子。一个糖分子还可以再被分成一些原子，但分成原子之后就不再是甜的了。这些原子可以重新组合，变成其他的分子。

原子还可以再分吗？ 原子由原子核以及围绕它运动的电子构成，而原子核又是由质子和中子构成的。

什么是离子？ 当一个原子得到电子或失去电子的时候，就会变成带电的离子。得到电子的原子叫阴离子，带负电；失去电子的原子叫阳离子，带正电。

什么是相对原子质量？ 由于原子的质量太小，不便于书写和记忆，于是人们规定了相对原子质量。以一种碳原子质量的十二分之一作为标准，其他原子的实际质量与它相比较得出的数值，就是原子的相对原子质量。

什么是核裂变？ 原子核被轰击后，裂变成较小的原子核，同时释放中子和能量。

什么是核聚变？ 两个原子核碰撞在一起发生聚合作用，变成更重的原子核，同时释放出能量。

思考题答案

41 页　电子 < 氧原子 < 水分子 < 乒乓球

2

ELEMENTS 元素

什么是元素

元素和物质的关系，就像英文字母和英文单词的关系。英文字母只有 26 个，可是组成的单词成千上万。元素呢，只有一百多种，却能组成宇宙中的一切物质。

你看，我们脚踩的土地是由元素组成的。

我们时刻都在呼吸的空气是由元素组成的。

连天上东升西落的太阳也是由元素组成的。

不同的物体，各种元素的含量也不同。在地壳中，氧元素含量最高。

空气中含量最多的元素是氮元素，如果把一个盒子里氮元素组成的氮气提取出来，它们几乎可以占据这个盒子五分之四的空间。

太阳是一颗恒星，组成它的元素中，大约有四分之三是氢元素。

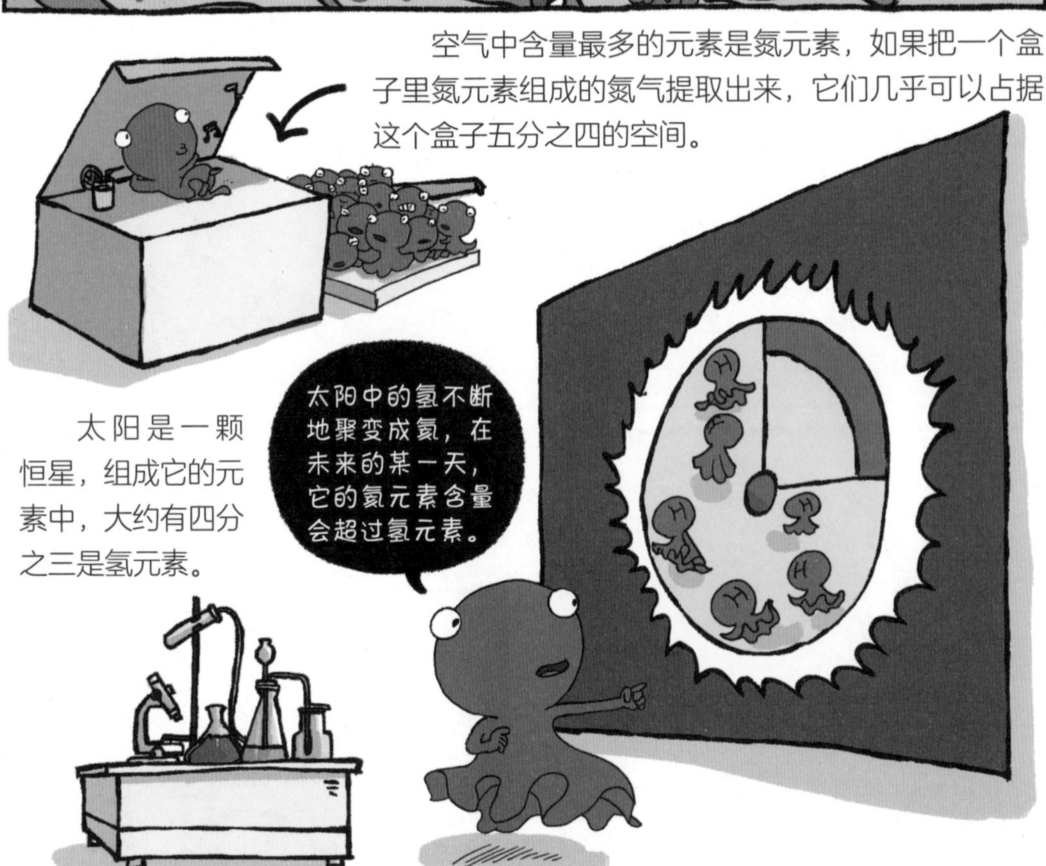

说了这么多，元素到底是什么呢？
在化学中，**元素**就是质子数相同的一类原子的总称。比如氧原子和氧离子，都属于氧元素。
在化学变化中，原子种类不变，元素就不会改变。

有些元素是自然界中存在的，有些元素是人造的。
天然元素
人造元素

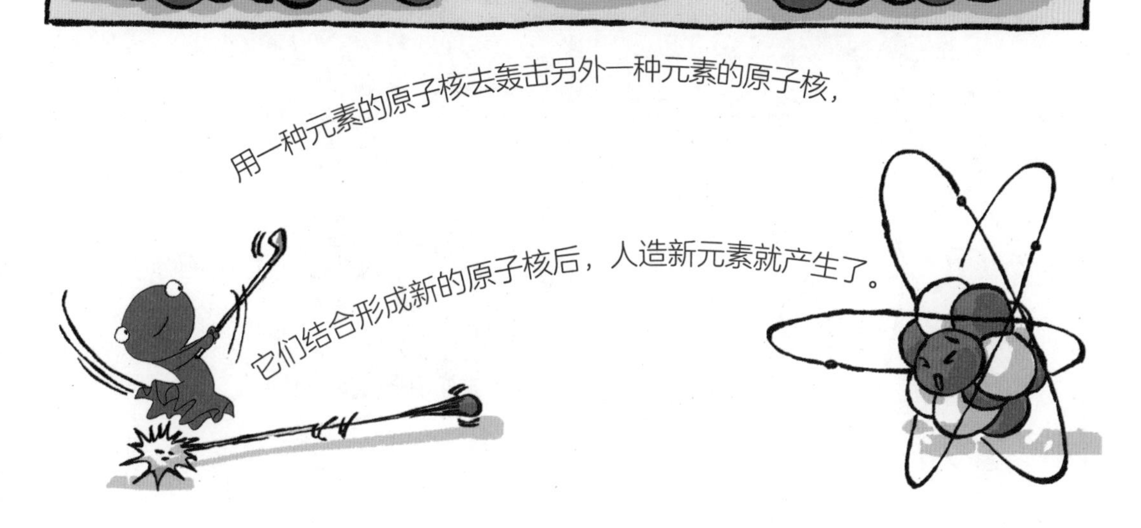
用一种元素的原子核去轰击另外一种元素的原子核，
它们结合形成新的原子核后，人造新元素就产生了。

元素符号

元素是个大家族，要想把家族中每一个成员都表示出来并不是一件容易的事。
铜
铁
碳

科学家们认为，可以用**特定的符号**来表示不同的元素。
钠
铬
锰
锗
曾经有一个化学家发明了一种用**图形加字母**的形式来表示元素的方法。

由于这种方式不便于记忆和书写，后来人们就统一采用该元素**拉丁文名称的缩写来**表示。

元素符号既表示一种元素，也表示一个原子。如“O”既可以表示氧元素，也可以表示一个氧原子。

元素周期表

我们来给元素们
排排队吧！

仔细看**元素周期表**，
你能发现很多有趣的
信息。

黄色的格子
里都是**金属
元素**，它们
排列在左侧。

蓝色的格子里都是
非金属元素，除氢
以外，都排列在右侧。

1 H 氢								
3 Li 锂	4 Be 铍							
11 Na 钠	12 Mg 镁							
19 K 钾	20 Ca 钙	21 Sc 钪	22 Ti 钛	23 V 钒	24 Cr 铬	25 Mn 锰	26 Fe 铁	27
37 Rb 铷	38 Sr 锶	39 Y 钇	40 Zr 锆	41 Nb 铌	42 Mo 钼	43 Tc 锝	44 Ru 钌	45
55 Cs 铯	56 Ba 钡	57-71 La-Lu 镧系	72 Hf 铪	73 Ta 钽	74 W 钨	75 Re 铼	76 Os 锇	77
87 Fr 钫	88 Ra 镭	89-103 Ac-Lr 锕系	104 Rf 𬬻*	105 Db 𬭊*	106 Sg 𬭳*	107 Bh 𬭛*	108 Hs 𬭶*	109

带*号的元素，
是**人造元素**。

放射性元素的符号是红色的。

								2 He 氦
			5 B 硼	6 C 碳	7 N 氮	8 O 氧	9 F 氟	10 Ne 氖
			13 Al 铝	14 Si 硅	15 P 磷	16 S 硫	17 Cl 氯	18 Ar 氩
Ni 镍	29 Cu 铜	30 Zn 锌	31 Ga 镓	32 Ge 锗	33 As 砷	34 Se 硒	35 Br 溴	36 Kr 氪
Pd 钯	47 Ag 银	48 Cd 镉	49 In 铟	50 Sn 锡	51 Sb 锑	52 Te 碲	53 I 碘	54 Xe 氙
Pt 铂	79 Au 金	80 Hg 汞	81 Tl 铊	82 Pb 铅	83 Bi 铋	84 Po 钋	85 At 砹	86 Rn 氡
Ds 𫟼*	111 Rg 𬬭*	112 Cn 鿔*	113 Nh 鿭*	114 Fl 𫓧*	115 Mc 镆*	116 Lv 𫟷*	117 Ts 鿬*	118 Og 鿫*

金属元素

看看周围，你甚至可以随时随地发现用金属制成的物体。

金属有一些共同的特性，比如，它们具有光泽，看起来亮闪闪的。
哇！这些首饰好漂亮，光彩夺目的！

金属具有延展性，它们可以被压成薄片，也可以被拉成长长的细丝。

大多数金属还是电和热的良导体，所以电线和很多锅都是用金属制成的。

不同的金属有不同的特性。
电线一般都是用铜制成的，因为铜的导电性比较好。

灯泡里的灯丝是用钨制成的。
钨是熔点最高的金属，不容易被烧断。

水龙头的外面要镀上一层铬。
铬是最硬的金属，非常耐磨，且不容易生锈。

不同金属的**活泼性**也不一样。越活泼的金属越容易发生化学反应。
钾在空气中就可以被点燃；
铁在纯氧中可以被点燃；
而**铜**在常温下几乎不与氧气发生反应。

镁在盐酸中反应剧烈，产生的气泡很多；
锌在盐酸中反应，产生的气泡就少了很多；
铁在盐酸中反应，只产生少量的气泡。

人们经过实验研究发现：常见金属的活动性顺序中，**钾**最靠前，**金**在最后。
K
Au
活动性

具有代表性的金属元素

最常见的金属是**铁**，铁是世界上目前年产量最高的金属。
纯铁是银白色的，但平常我们很难看到纯净的铁。

铁可用来制作厨房用具、交通工具、运动器材等，我们的生活中遍布着用铁制作的物品。
就连你身体内的血液里也有铁元素，它是血红蛋白的重要组成成分，用来运输氧。
Fe
Fe
Fe

许多门窗是用铝做的，因为它比铁要轻得多，并有很好的抗腐蚀性能。
铝是地壳中含量最高的金属元素，也是一种常用的金属。
铝在常温下与氧气反应形成一层氧化铝薄膜，可以阻止铝进一步被氧化。

钙是人体中含量最高的金属元素，主要存在于骨骼中。
缺钙会导致骨骼发育不良，个子长不高。
一个成年人身体里的钙，能装满这个瓶子。
Ca

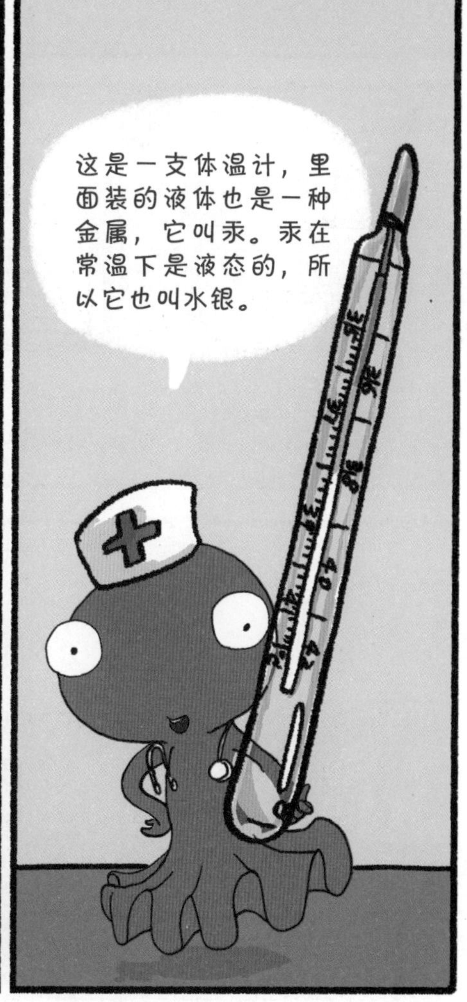
这是一支体温计，里面装的液体也是一种金属，它叫汞。汞在常温下是液态的，所以它也叫水银。

合金

厨师在炒菜时，会加入各种调料，改善菜的色、香、味。假如把这种方式用在金属制作上，能够得到各种**合金**。
在金属加热时熔合其他金属或非金属，就可以得到**合金**。

比如，在铜中加入锡，就会得到**铜锡合金**。

铜锡合金就是**青铜**，你一定不陌生，在博物馆里经常会看到用它制作的古代器具。
青铜是人类冶炼出的**第一种合金**。
青铜器原本不是青色的，经过许多年的**氧化**，变成了青色。

合金能将不同金属或非金属的特性融合。
我们平时常说的**钢**，其实是一种**铁碳合金**。

制作医疗器械所用的不锈钢含有**铁**、**铬**、**镍**等，不仅坚硬，而且抗腐蚀性强。

火车轨道需要承受火车巨大的重量，所用的材料锰钢是含**铁**、**锰**、**碳**的合金。

有的硬币是用白铜制成的，白铜是**铜镍合金**，它耐磨、耐腐蚀，而且亮闪闪的。
亮闪闪的东西，总是能吸引人注意。

用于焊接的焊锡是**锡铅合金**，它熔点低，是焊接线路中电子元件的重要材料。

铝比较软，但用铝、铜、镁、锰等制成的合金——**硬铝**，强度和硬度非常高，飞机、火箭、轮船的制造都少不了它。

先把钛镍合金天线做成抛物面形状。
再将天线在低温下揉成一团，放进人造卫星舱内。
还有的合金具有特殊的本领，比如具有形状记忆功能的**钛镍合金**，被广泛用于制作人造卫星和宇宙飞船的天线。
人造卫星进入太空轨道后，天线经过太阳光照射温度慢慢升高，开始恢复原来的形状。
最后，天线自动恢复成原来的抛物面形状。

非金属元素

非金属元素的种类比金属元素要少得多，但生活中也可以随处见到它们。
我们脚下的土、河流中的水、无处不在的空气都是由**非金属元素**组成的。

非金属
除汞以外，几乎所有的金属在常温下都是固体，
而非金属组成的物质不仅有固体，还有液体和气体。

金属具有导热和导电的性能，非金属一般不容易导热和导电。

金属具有延展
性，可以被锻造成各
种形状，而非金属
组成的固体却很难
被塑造成其他形状。

几种非金属元素

非金属元素中，**气体**元素占了一半。氢、氦、氮、氧、氯……从这些中文名字上，你就能看出它们的状态——有“气”字头的是气态非金属元素。
氧是地球上最丰富的元素，木柴燃烧、火箭升空、动物的生存都离不开氧气。

氧气每时每刻都在被消耗，但同时，植物也在通过**光合作用**时时刻刻产生新的氧气。

在气态元素中，有一类叫“**稀有气体**”，它们位于元素周期表的最后一列。
其实“稀有气体”并不是都很少见，它们有的在宇宙中很充沛，所以后来又改名叫**惰性气体**，表示它们不活泼，很“懒惰”。
氩气在通电状态下，会发出蓝紫色的光。
充了**氦气**的灯管，通电后发出粉红色的光。
发出红色光，是因为灯管中填充了**氖气**。
氪气通电后，会发出黄绿色的光。
美食广场
米莱超市
米莱超市
你看过霓虹灯吗？五颜六色，非常漂亮。这是因为在不同的灯管里填充了不同的**惰性气体**，通电后，就会产生不同的颜色。

碳元素是一种常见的非金属元素，平时我们经常会听到它的名字。
嗨，我在元素周期表中排第六位，你找到我了吗？
碳和炭是不同的。
“碳”代表着碳元素，而“炭”是指一种多孔性物质，比如煤炭、木炭、活性炭。
这是木炭……
这是煤炭……
活性炭中也有我的存在。

石墨是由碳元素组成的，它的结构是一层一层的。

石墨是深灰色的，质地很软，在纸上划过会留下痕迹。

金刚石也是由碳元素组成的。

金刚石和石墨完全不同，它是无色透明的，非常坚硬，能切割玻璃、石头和金属。
金刚石是天然存在的最硬的物质。

金刚石还是非常贵重的宝石，璀璨夺目的钻石就是由金刚石打磨制成的。

除了石墨和金刚石，碳元素还能组成一种叫**碳 60** 的物质。
一个碳60分子由60个碳原子构成。
你可能注意到了，它的结构看起来很像一个足球。

碳 60 这种独特的“足球”结构非常稳定，被广泛用于制作各种材料。科研人员还在不断地对它进行研究。

同素异形体

同样一堆木头，可以做成桌子，也可以做成椅子。由同一种元素组成的物质的“形状”也可以不同。这些由同种元素形成的不同单质我们叫**同素异形体**。你在前面看到的石墨、金刚石、碳60就是碳元素的同素异形体。

除了碳元素，其他一些元素也有同素异形体。比如，**红磷**和**白磷**是磷元素常见的同素异形体。

红磷可以用来制造火柴。

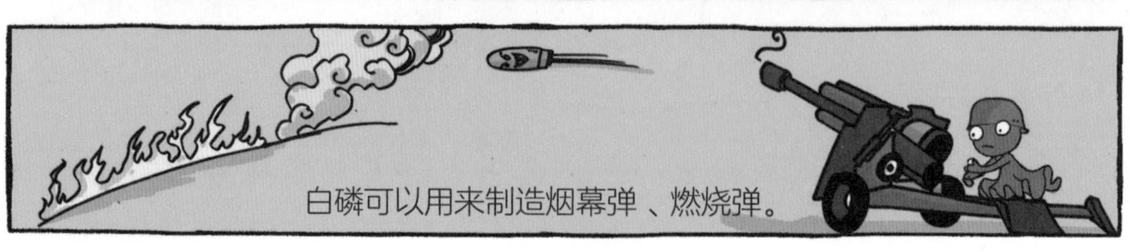

白磷可以用来制造烟幕弹、燃烧弹。

空气中含有氧气，氧气由氧元素组成，**氧元素**还能组成什么物质呢？
现在我要去寻找氧气的同素异形体。氧气的同胞兄弟在哪里？

臭氧
20 000 米
它的名字叫**臭氧**，是一种淡蓝色的气体，还有一股鱼腥味。在2万米的高空，有一个**臭氧层**。
高空中的一些地方发生了臭氧层空洞，科学家们正在探析其原因，想方设法修复并保护臭氧层。
臭氧层是地球的保护层，它可以吸收太阳光中对地球生物有害的短波紫外线，保护地球上的生物。

放射性元素

你知道吗？在以前，有一些人幻想着“点石成金”，想把普通的石头变成金子。
变！变！变！
石头啊石头，你一定要变成金子。

当然，他们的希望都破灭了。

但在自然界中，却一直进行着类似“点石成金”的怪现象。一些**放射性元素**会**衰变**成新的元素。
放射性元素
一些元素的原子核会放射出粒子和能量，改变自己的质子数，变成另外一种元素。

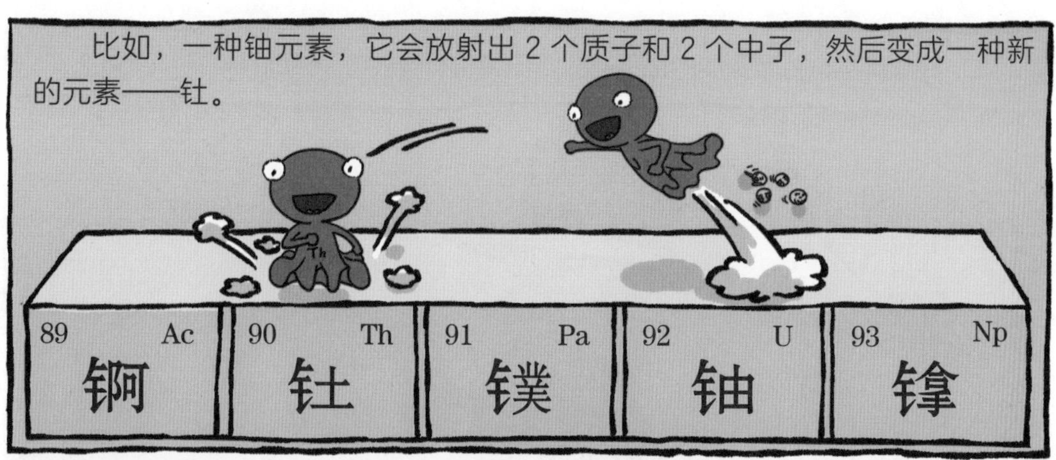
比如，一种铀元素，它会放射出 2 个质子和 2 个中子，然后变成一种新的元素——钍。
89 Ac 锕
90 Th 钍
91 Pa 镤
92 U 铀
93 Np 镎

放射性元素的原子什么时候**衰变**是没有办法知道的。
嗨，你到底什么时候衰变？
保持专注，我也不知道，但随时都可能会发生。
这很像分蛋糕游戏，一整块分出来半块，又从半块分成四分之一块，一直不停地分下去。
不过如果有足够多的放射性原子，过一段时间，它们就会有一半进行衰变，再经过相同的一段时间，剩下的原子中又有一半会发生衰变。放射性元素的原子核有半数发生衰变所需要的时间叫**半衰期**，很是奇特。

同位素

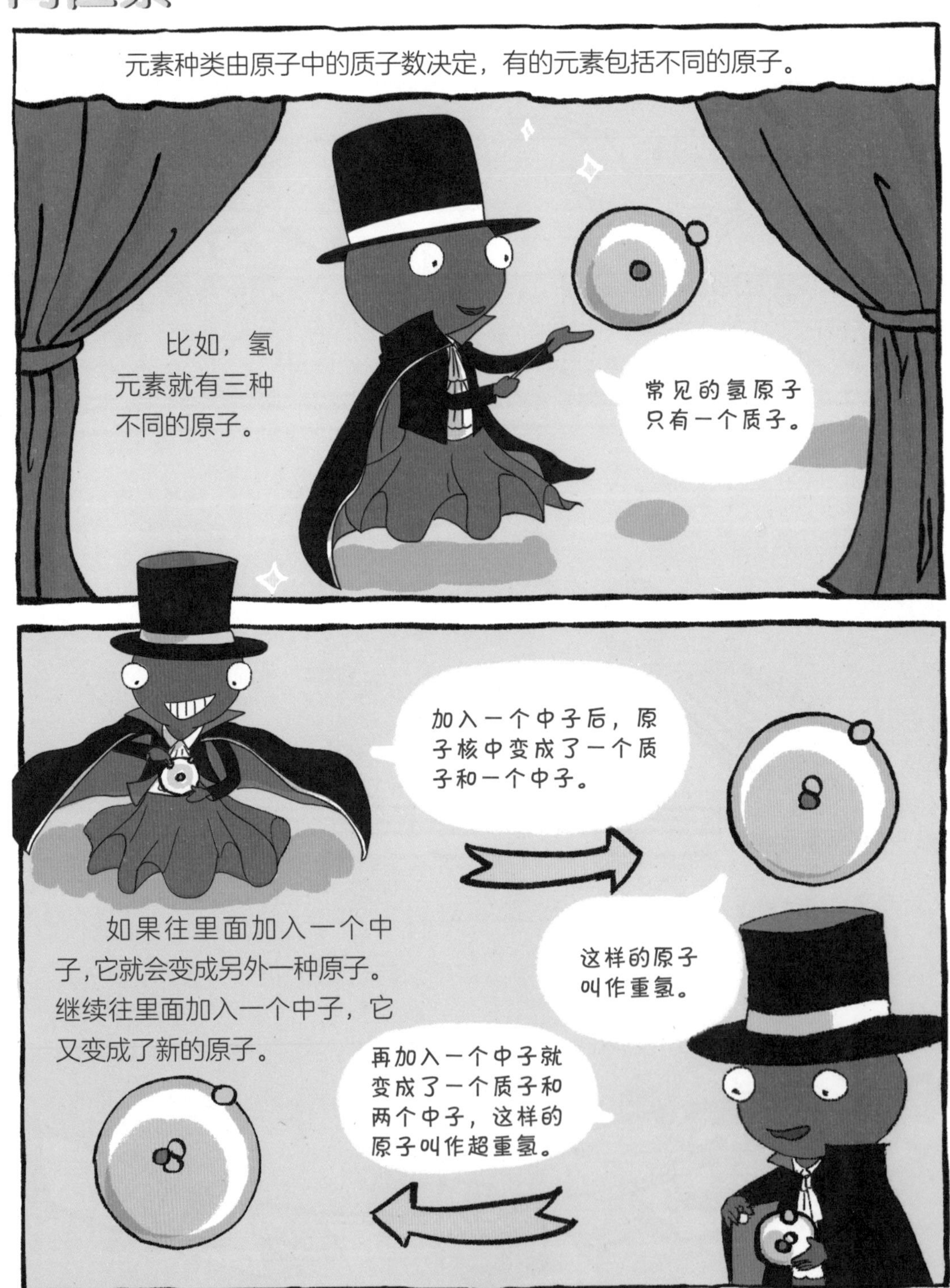

元素种类由原子中的质子数决定，有的元素包括不同的原子。
比如，氢元素就有三种不同的原子。
常见的氢原子只有一个质子。
加入一个中子后，原子核中变成了一个质子和一个中子。
如果往里面加入一个中子，它就会变成另外一种原子。继续往里面加入一个中子，它又变成了新的原子。
这样的原子叫作重氢。
再加入一个中子就变成了一个质子和两个中子，这样的原子叫作超重氢。

你瞧，这种质子数相同、中子数不同的同一种元素的不同原子互称为**同位素**。他们就像兄弟姐妹一样。
同位素
我们生活在一个化学世界里，到处都是化学元素。人们不断地加深对化学元素的认识，对新元素的探索也从未停止。
如果你对元素产生了好奇，不妨深入了解钻研它们，没准将来你会发现新的元素哟！

思考

你会给同素异形体连线吗？
石墨
氧气
白磷
金刚石
臭氧
碳 60
红磷

问答收纳盒

什么是元素？ 元素是质子数相同的一类原子的总称。

什么是元素符号？ 元素符号是用元素拉丁文名称的首字母（大写）或开头两个字母（第一个字母大写，第二个字母小写）表示元素的符号。

什么是元素周期表？ 元素周期表是把已知的化学元素按照元素的原子结构和性质，把它们进行科学有序排列的表格。

什么是合金？ 合金是指在某种金属元素中熔合其他金属或非金属制成的材料。

什么是同素异形体？ 同素异形体是指由同种元素形成的不同单质，如石墨和金刚石互为同素异形体。

什么是放射性元素？ 放射性元素是能够从原子核内部放射出粒子和能量的元素。

什么是衰变？ 衰变是放射性原子的原子核在放射出粒子及能量后，变成较为稳定的原子的过程。

什么是半衰期？ 半衰期是放射性元素有半数的原子发生衰变所需要的时间。

什么是同位素？ 质子数相同、中子数不同的同一种元素的不同原子互称为同位素。如氢、重氢与超重氢互为同位素。

思考题答案

76 页　金属元素：钠、铁、铜、钙、金、银、铝、汞；非金属元素：碳、氧、氢、磷、氦、氯、氮。

77 页　白磷——红磷　石墨——金刚石——碳 60　氧气——臭氧

3

ELEMENTARY SUBSTANCES AND COMPOUNDS 单质和化合物

单质和化合物

现在你认识了元素，也知道了元素组成了世界万物。但在学习和研究化学的过程中，还需要了解一些不同类别的物质。

单质和化合物

这节课，我们来认识一下**单质和化合物**。

单质
化合物
能把咱哥俩画清楚了，算他厉害。
单质和化合物是化学中常见的两类物质。

我给大家介绍一下，这位是单质。
这位是化合物。
单质
化合物

单质
这一次，我们两个是主角。
我们两个都是纯净物。

了解物质

了解单质和化合物前，要先了解物质的分类，物质分为**纯净物**和**混合物**。
化学大爆炸
顾名思义，纯净物要纯净。
简单地说，就是由**同一种物质**组成。

比方说这块铁，它是由铁这一种物质组成的。
除了铁，它不含其他任何物质，所以是纯净物。
Fe

如果我们在这块铁中加点碳，它就不再是纯净物了。

现在这块铁已经是铁碳合金了。
它变成由铁和碳两种物质组成的混合物。
空气中的氧气、氮气、二氧化碳是纯净物，但混合在一起就变成了混合物。
纯净物不太常见，我们身边的物质基本都是由几种纯净物组成的混合物。如我们日常呼吸的空气就是一种混合物。
生活中的自来水，其实里面有很多其他物质，也是混合物。
这盆水肯定不是纯净物啦！

认识纯净物

物质是不是纯净物有时并不容易辨认，它们的名字可能还会欺骗你，比如**冰水混合物**。

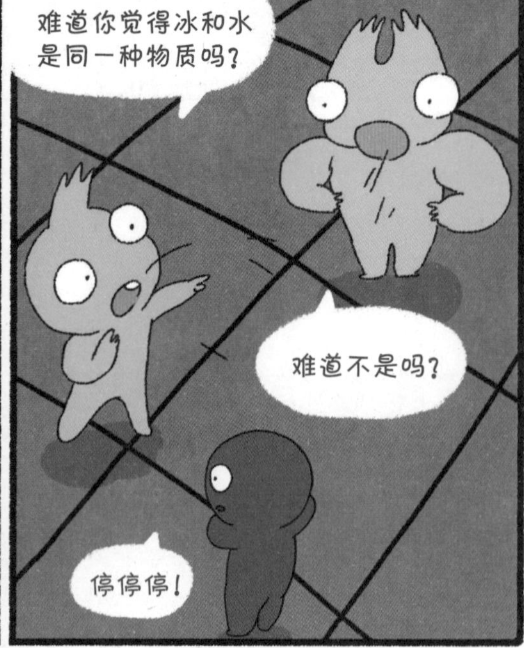

关于这个问题，如果从微观的角度就可以很好地解释清楚啦！
别看热闹了，你来说！

从微观角度讲，纯净物是由**同一种微粒**构成的。
还记得我们吗？
你们还记得什么是微粒吗？

冰和水虽然看起来不一样，但它们都是由**水分子**构成的，自然就属于纯净物了。
原来是纯净物呀！
嘿！要辨别清楚可没那么简单，需要多学习、多思考才行。
当然了，冰块融化不就变成水了嘛，多简单呀！

什么是单质

现在你已经了解了纯净物，单质就是一种纯净物。
你说得对，兄弟。
快，该你上场啦！
别着急，要先整理好形象才行。

大家好，我是单质，是由同一种元素组成的纯净物。
比如，这个气球里的氦气，它是由氦元素组成的单质。

我们可以对单质进行简单的分类，像氦气这样的稀有气体单质，还有碳、硫、硅、磷等，都是**非金属单质**。
碳
硫
硅
磷
金、银、铜、铁等都是**金属单质**。
朋友们，这没什么稀奇的，不要挤。
石墨和金刚石都是单质，且都是由碳元素组成的。
同一种元素可能会构成几种单质。

自然界中的单质并不常见。因为大多数元素的单质不稳定，容易与其他物质发生反应。
氧气、氮气以及稀有气体都是以单质的形式存在。
只不过平时我们看不到它们。

金属元素有很多，但只有少数的几种金属才会以单质的形式存在。
大多数金属很活泼，容易与其他物质发生反应。

比如你熟悉的金，在自然界中常以单质的形式存在。
金非常稳定，不容易与其他物质发生反应。
“真金不怕火炼”就是这个道理。

自然界中也有一些非金属元素的单质，但是比较少见，比如硫。
我要寻找的硫，就在火山口。

火山喷发时，火山口附近会形成单质硫。
瞧，这些黄色的东西就是单质硫。

天然的单质硫是无毒无害的，但是与其他一些物质发生反应后，通常会形成有毒的物质。
这里有很多含硫的有毒气体，我不能多待，要赶紧离开。

什么是化合物

化合物和单质一样，都属于**纯净物**，不过它们截然不同。

相比单质，**化合物**在生活中就比较常见了。
桌子上的这瓶东西，你在厨房经常见到。
放一点在嘴里尝一尝。
味道很咸。
是盐！
是盐，是盐！

食盐是常见的调味品，它的主要成分**氯化钠**就是一种化合物。
氯化钠是由氯和钠两种元素组成的。
把氯元素和钠元素结合起来。
Na
Cl
Na
瞧，变成氯化钠啦！
盐

化合物的特性与组成它的元素特性会有很大差别。

氯元素你可能不太熟悉，它是一种非金属元素，同样也很活泼。

瞧，这个瓶子里装的是氯气，它是氯元素的单质。

许多元素组合在一起变成化合物后，会让你觉得非常神奇。
这就像变魔术一样。
你们瞧，这三个瓶子里装的是碳粉、氧气和氢气。
当然了，氧气和氢气你们可能都看不到。

如果我们把以上物质中的碳元素、氧元素、氢元素按照12 ：11 ：22的比例进行组合，你猜它们会变成什么东西？

瞧！现在它们变成了一种很甜很甜的化合物。
就是**蔗糖**。
我们平时吃的白糖、红糖、冰糖里主要成分都是它。

有机物和无机物

化合物各不相同。
科学家把化合物分为两大类：有机物和无机物。

一般而言，有机物是含碳元素的化合物。
有机物都含有碳元素，但含碳元素的化合物却不一定是有机物。

从前，人们发现的有机物都是从生物体内分离出来的，所以人们认为有机物没办法人工合成。
有机物的意思是：来自生物体的化合物。

后来，有一位化学家人工合成了第一种有机物——尿素。
听这个名字你大概就能猜到，它和尿有关。
汗液中也含有少量的尿素。

此后，越来越多的有机物可以人工合成，“有机物”这个名字已经失去了最初的含义。但人们已经习惯了这个名称，就一直沿用了下来。
了解了有机物，再一起去认识无机物。

无机物是与有机物相对应的，通常是指不含碳元素的化合物。
食盐中的氯化钠是一种固体无机物。
纯净的水是一种液体无机物。
空气中看不见的二氧化碳是一种气体无机物。

大多数酸、碱、
盐都属于无机物。
酸由氢离子和酸根离子构成。
碱由金属离子或铵根离子和氢氧根离子构成。
盐由金属离子或铵根离子和酸根离子构成。

无机物还包括一类比较特别的化合物，叫作氧化物。它们都含有氧元素。
生活中你都会遇到哪些氧化物呢？

生活中的氧化物

氧化物是化合物的一种，在我们的生活中非常常见。
氧是地壳里含量最多的元素，它会和许多物质发生反应，生成氧化物。
氧化物由两种元素组成，且其中一种必须是氧元素。
铁与空气中的氧气长期接触就会生锈，变成氧化铁。

木柴、煤炭、天然气燃烧后，也会生成氧化物。它们中的碳元素和空气中的氧元素结合，变成了二氧化碳。
二氧化碳是一种看不见的气体氧化物。
它的每个分子是由一个碳原子和两个氧原子构成的。

我们将空气中的氧气吸入。
人体内的糖类、蛋白质、脂肪等有机物与氧气反应，释放人体需要的能量。
同时，会产生大量的二氧化碳，被人体呼出。
二氧化碳虽然看不到，但我们每时每刻都在制造二氧化碳。

在千千万万的氧化物中，有一种氧化物是最重要的，它就是**水**。
水实在是太常见了。

口渴了需要喝水。

洗澡需要水。

冲浪时也离不开水。

但你肯定没想过，水是一种氧化物吧。

早期的时候，科学家对水的本质并不了解，认为水是一种元素。
水是元素

后来，人们发现氢气在空气或氧气中燃烧能够生成水。但可惜受当时的错误观念束缚，他们没有认识到水的本质。
这个实验居然会产生水。

最终，科学家拉瓦锡通过实验得出了正确的结论，他认为水不是一种元素，而是一种氧化物。
电解水的实验和拉瓦锡的实验原理差不多。
将水电解后会形成氢气和氧气。
它们的体积之比是2：1，证明了水是由氢、氧两种元素按照2：1组成的一种氧化物。

从太空中看我们生活的地球，是一颗漂亮的蓝色星球。这是因为地球表面大部分被水覆盖。地球上如此多的水是从哪里来的呢？
有的科学家认为，在形成地球的物质中原本就含有水。
也有的科学家认为，地球形成的初期，时常发生火山喷发，将地球内部的水释放到大气中。大气中的水变成雨和雪落到地面，汇集成了江、河、湖、海。
还有的科学家认为，地球上的水来自地球外部。彗星和一些小行星中富含水，是地球上水的主要来源。

水是生命之源，
有了水，才有了
生命的诞生。
经历了亿万年的演化，生命
离开了海洋，登上了陆地，
甚至飞向天空……
但不论如何演变，生命都
始终不离开水这种氧化物。

单质和化合物的转化

单质可以变成化合物。
我是钠单质。
我是氯的单质，氯气。

当点燃的时候，钠和氯气就会发生变化。

你猜，它们两个最后变成了什么？
嗨，朋友！
我是化合物氯化钠，我们又见面了。

化合物也可以变成单质。
现在我要去重新变回单质。

要变回去，需要这样的电解实验装置。

哇，好烫！
实验开始前，先要加热，把我变成液态。

通电以后，
我就会重新变成钠和氯气啦！

单质和化合物间的互相转化，是通过**化学反应**完成的。
我们可以把单质和化合物比作各种不同的蔬菜。

当然了，不是所有的单质和化合物都会进行转化。
这就像食谱。
食材根据食谱才能被做成不同的菜。

你已经知道了有些单质可以组合成化合物，而有的化合物可以变成单质。
接下来我们会演示些其他的。

一种单质和一种化合物，可以形成新的单质和化合物。

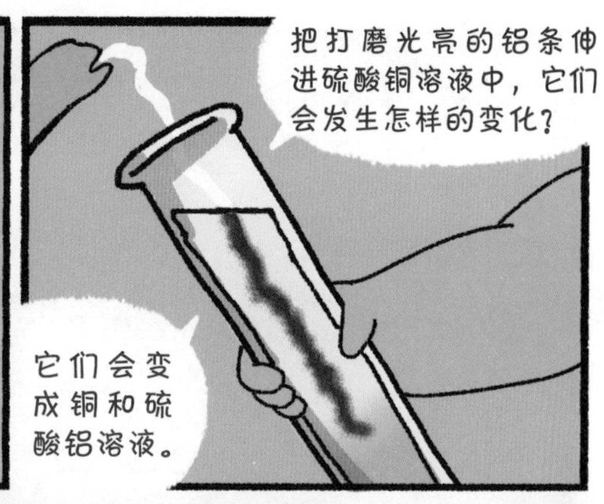
把打磨光亮的铝条伸进硫酸铜溶液中，它们会发生怎样的变化？
它们会变成铜和硫酸铝溶液。

一种化合物可以变成新的单质和新的化合物。
把它加热，会变成新的化合物氯化钾和单质氧气。
这里装的是化合物氯酸钾和催化剂二氧化锰。

氧化铁和一氧化碳都是化合物。
它们在高温的条件下，会变成单质铁和化合物二氧化碳。
两种不同的化合物也可以形成新的单质和化合物。

总结

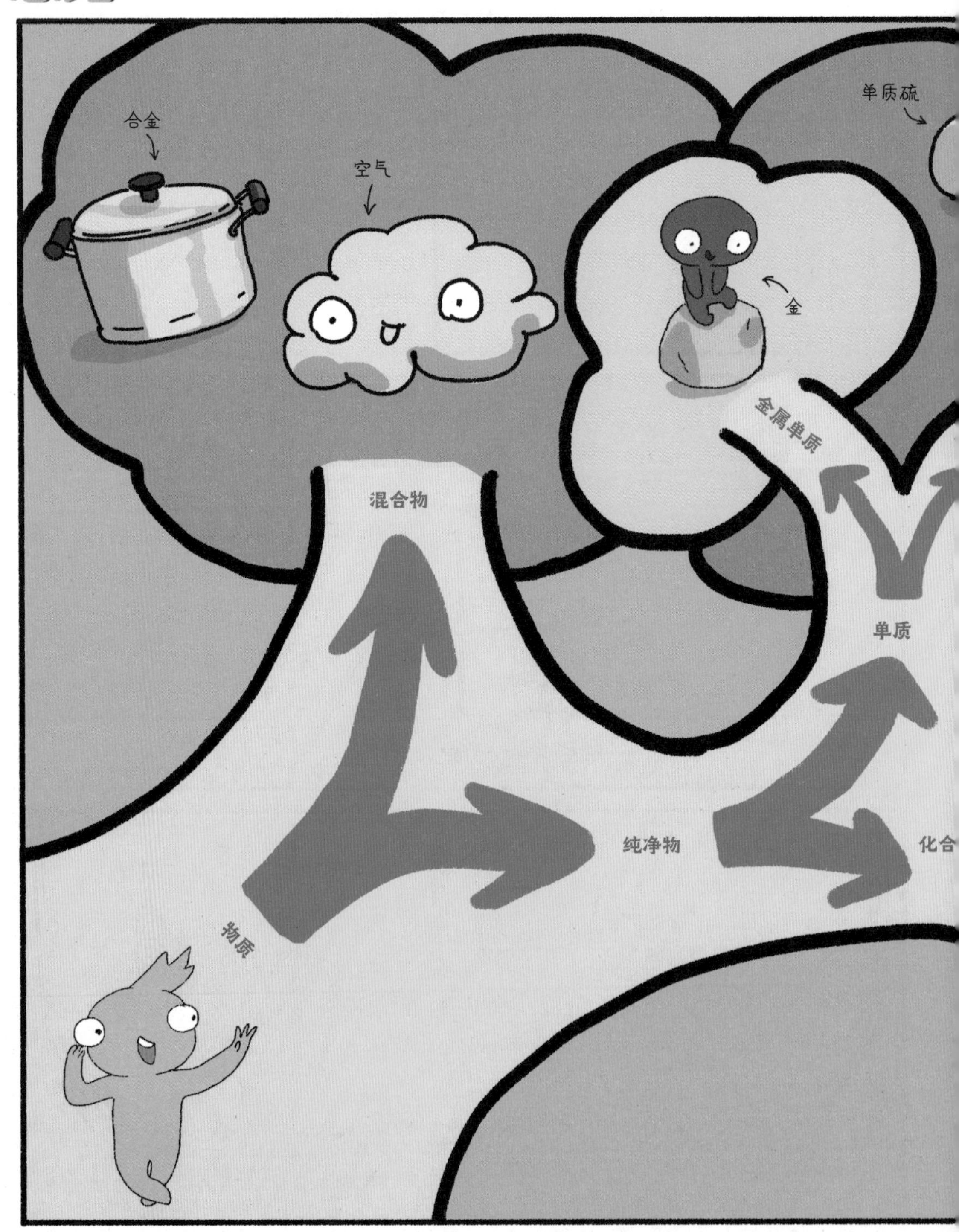

酸
碱
盐
氯气
其他无机物
水
氧化物
无机物
二氧化碳
氧化铁
有机物
蔗糖
素
给物质分分类!

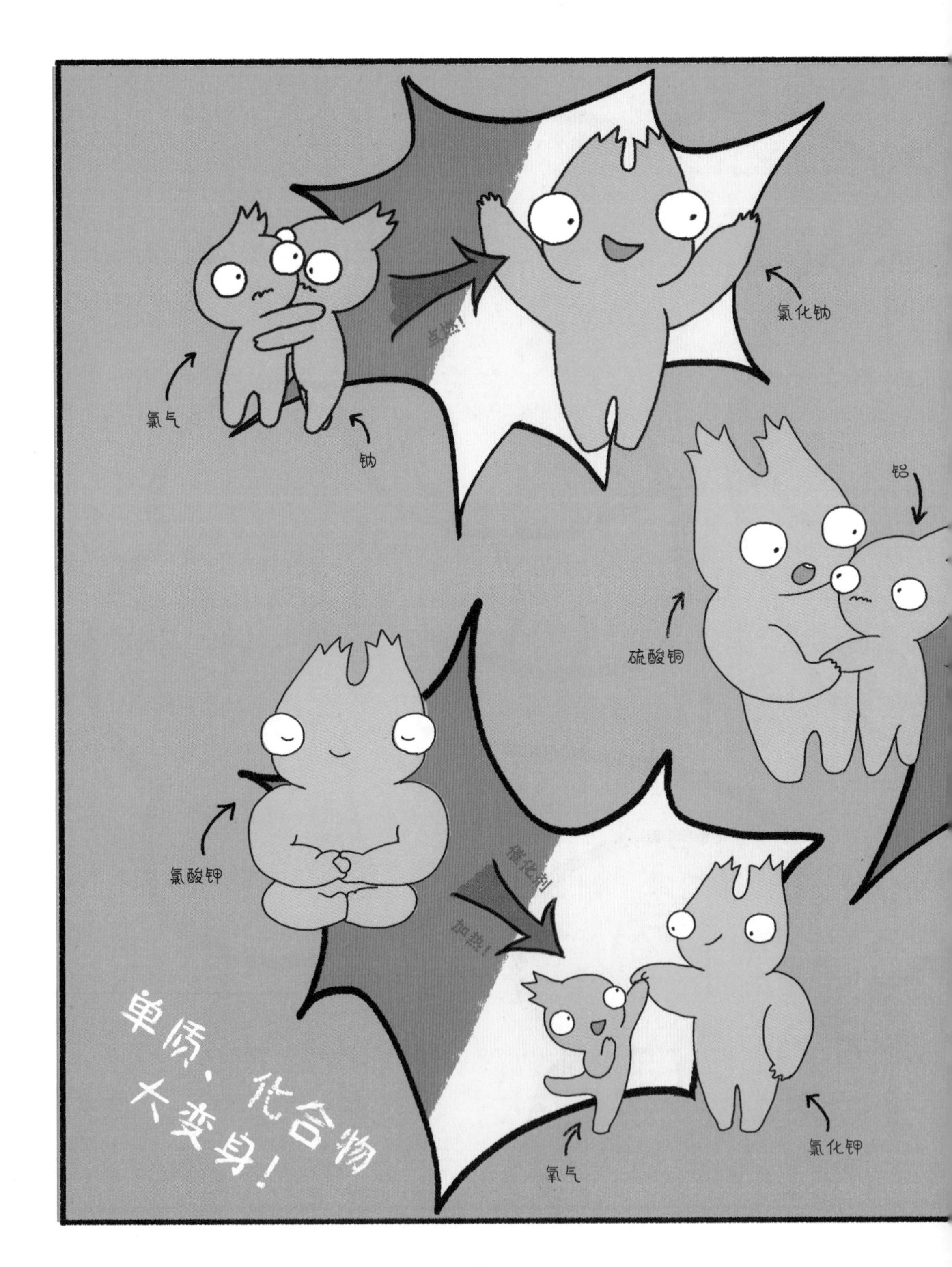

氯气
钠
点燃!
氯化钠
铝
硫酸铜
氯酸钾
催化剂
加热!
氧气
氯化钾
单质、化合物
大变身!

氯气
钠
电解！
氯化钠
硫酸铝
一氧化碳
氧化铁
高温！
二氧化碳
铁

思考

你会回答下面的问题吗?

瓶子里的○代表氢原子，●代表氯原子，
○○代表氢气分子，●●代表氯气分子，
○●代表氯化氢分子。

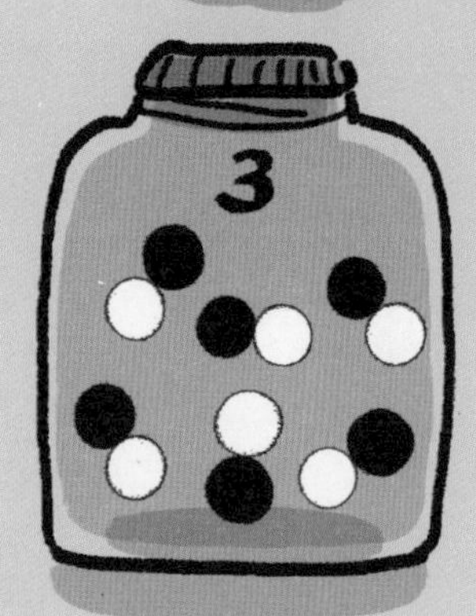

哪个瓶子里是纯净物?　　哪个瓶子里是混合物?

哪个瓶子里是单质?　　哪个瓶子里是化合物?

问答收纳盒

什么是单质？ 单质是由同一种元素组成的纯净物。常见的单质有氧气、金刚石和金。

什么是化合物？ 化合物是由两种或两种以上的元素组成的纯净物。常见的化合物有水和二氧化碳。

什么是纯净物？ 纯净物是由一种单质或一种化合物组成的物质。

什么是混合物？ 混合物是由两种或两种以上的物质混合而成的物质。合金就是混合物。

什么是有机物？ 有机物指的是一类含碳元素的化合物，早期只能从生物体内获得。蔗糖就是一种有机物。

什么是无机物？ 与有机物相对应的化合物，通常是指不含碳元素的化合物。食盐就是一种无机物。

什么是氧化物？ 氧化物是由氧元素和另一种元素组成的化合物。水就是最常见的氧化物。

单质和化合物可以转化吗？ 单质和化合物可以通过化学反应转化。

思考题答案

112 页　金属单质：金；非金属单质：硫、氯气；有机物：蔗糖、尿素；无机物：水、氯化钠、二氧化碳。

113 页　纯净物：1、2、3；混合物：4、5、6；单质：1、2；化合物：3。

4

SOLUTION溶液

溶液是什么

溶液是我们生活的重要组成部分，在我们的身边随处可见。
接下来，就让我们和溶液一起，
在化学的海洋里遨游吧！
今天我们来认识一下溶液。杯子里的朋友，快和大家打个招呼吧！

溶液的形状总是在变。这次我就不画它们的“肖像”了，请它们做个自我介绍吧！
溶液

大家好！我是溶液，我身体中的各部分都是一样的，你可以理解为我长得很**均匀**。

这就是溶液里面的样子。我们可以看到，溶液中有很多**微粒**。

如果外界条件
不变，我们可
以永久存在。

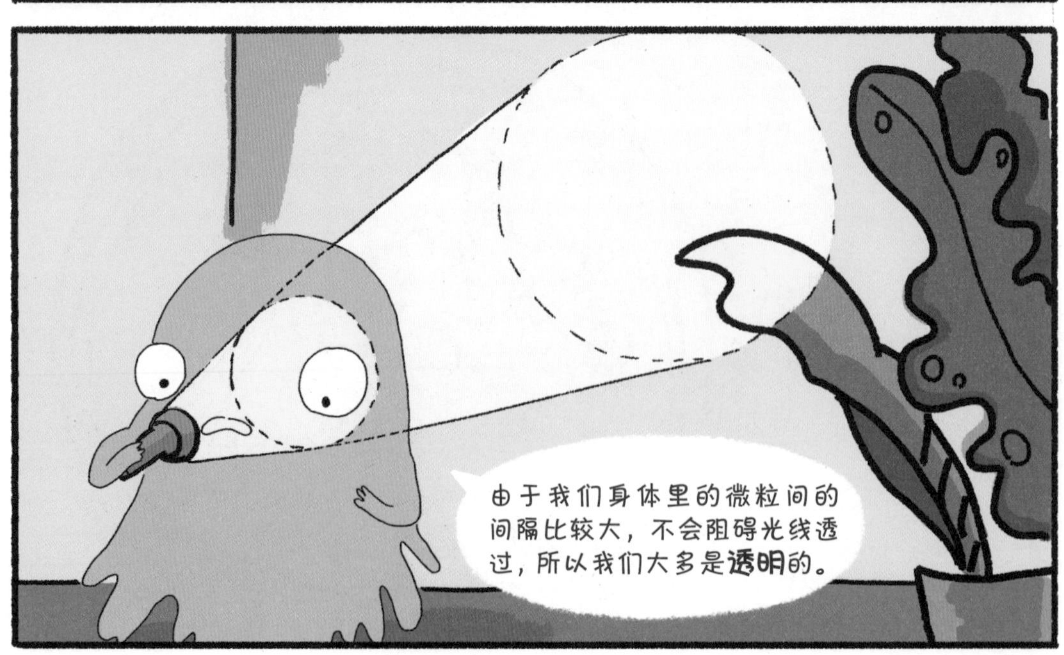
由于我们身体里的微粒间的
间隔比较大，不会阻碍光线透
过，所以我们大多是透明的。

这里面的苏打水、汽水、酒和醋，都是溶液大家族的成员。

接下来让我们给你展示一下，如何配制一种常见的溶液——盐水。

厨房里的秘密

通过搅拌的方式，也
可以让食盐更快溶解。

提前把食盐研磨成
更细小的颗粒，也
可以加速其溶解。

加热、搅拌或者将食盐提前研磨，都可以加速食盐在水中的溶解。

盐水中看不见的微粒是怎样的呢？
大家快看，这里面还挺热闹的！

让我们来看看食盐进入水中以后发生了什么。
食盐以离子的形式均匀地分散到水分子之间了！
Na+
Na+
Na+
Na+
Cl-
Cl-
Cl-
Cl-

溶液大胃王

你太弱了。

咱俩今天一定要争个高下，看看谁才是“大胃王”！
它们就是不饱和溶液。

固体的溶解度表示在一定温度下，某固态物质在100克溶剂中达到饱和状态时所溶解的质量。

溶解性

食盐易溶于水
油不溶于水
白糖易溶于水
铁不溶于水

哪种物质溶于水，一目了然。通常我们把能溶于水的物质称为**水溶性物质**。

神奇汽水

不止固体可以溶解在水中，一些**气体**也可以溶解在水中。
碳酸饮料就是将**二氧化碳**气体加入调配好的糖浆中获得的。
让我们去饮料厂一探究竟吧！
饮料

这里就是稀释糖浆的地方。加水稀释过的糖浆顺着管道流向下一站。

这是二氧化碳平
时的样子。

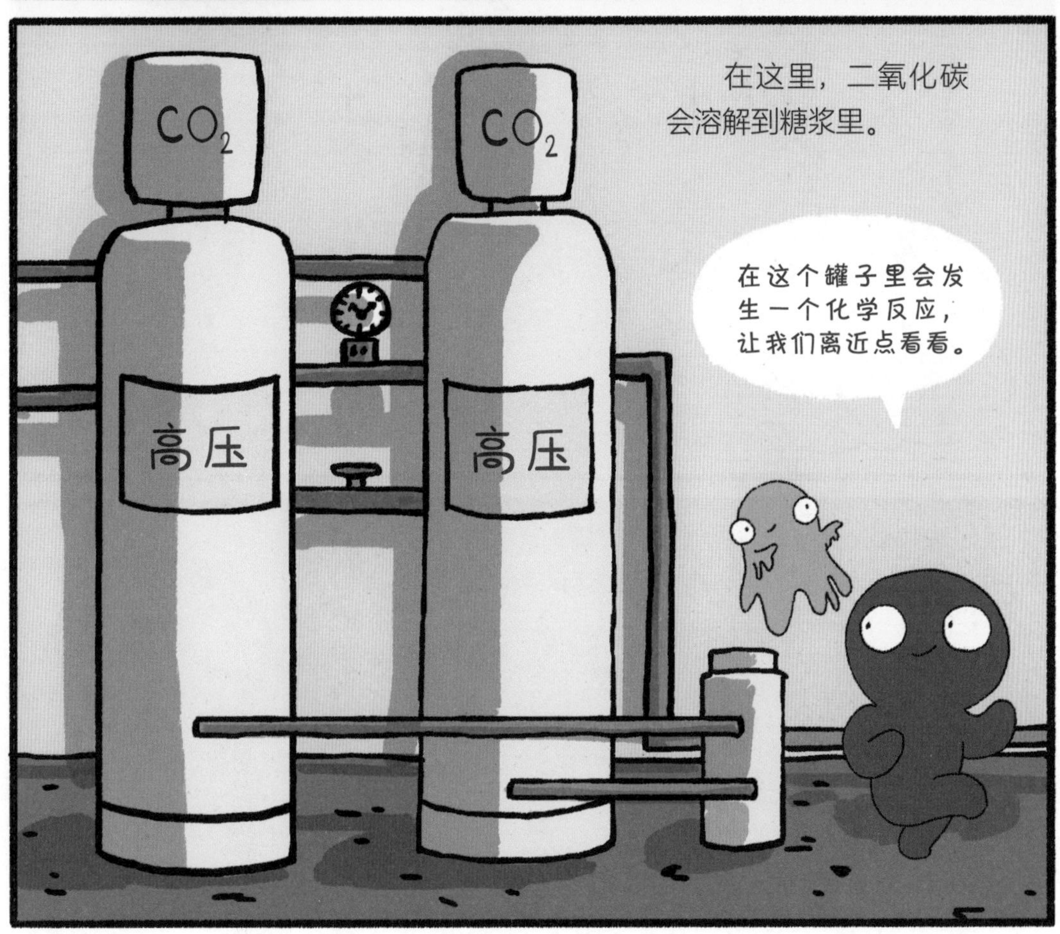
在这里，二氧化碳
会溶解到糖浆里。
CO_2
CO_2
高压
高压
在这个罐子里会发
生一个化学反应，
让我们离近点看看。

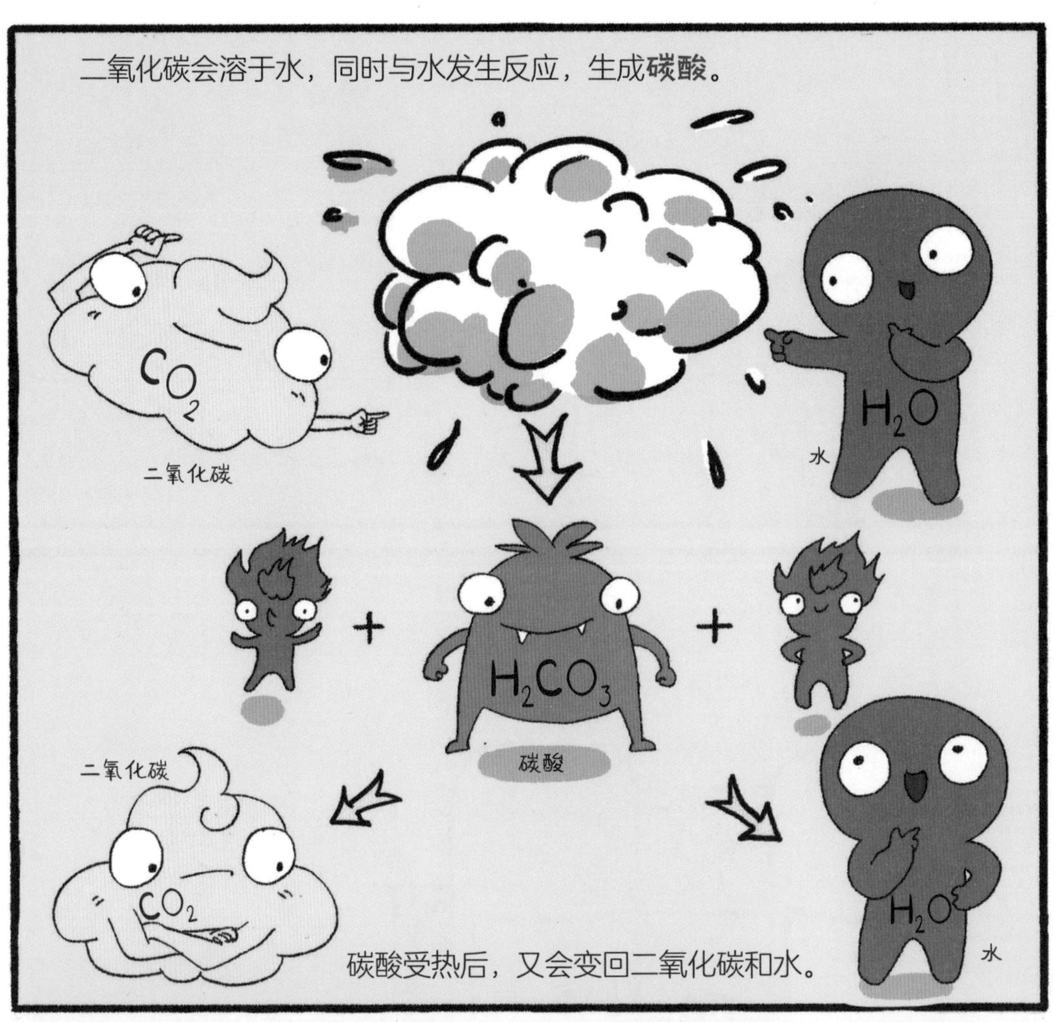
二氧化碳会溶于水，同时与水发生反应，生成碳酸。
CO_2
二氧化碳
H_2O
水
H_2CO_3
碳酸
二氧化碳
CO_2
H_2O
水
碳酸受热后，又会变回二氧化碳和水。

碳酸很不稳定，二氧化碳很容易从里面跑出来。不过饮料罐在高压、密封的状态下，二氧化碳会老老实实地待在里面。

CO_2
到了这里，碳酸饮料就被生产出来了。

气体的溶解度是指该气体在压强为101 kPa和一定温度时，在1体积水里溶解达到饱和状态时的气体体积。

我们自由了！
我们自由了！
二氧化碳大逃亡！

气体的溶解度受压强影响很大，压强增大时，1体积水中能够溶解的气体会增加；压强减小时，1体积水中能够溶解的气体会减少。
刚才我打开汽水罐的一瞬间，罐内的压强减小了，二氧化碳就跑出来了。

接下来让它给我们表演个绝活儿。

温度升高后，气体的溶解度会减小。我们喝完碳酸饮料会打嗝，就是因为饮料在肚子里温度升高，二氧化碳就跑出来啦！
嗝～

奇妙的结晶

结晶是溶质从溶液中析出的过程，当溶液中的溶质超过了溶液的溶解度，溶质就会以晶体的状态出现。
自然界中有很多美丽的**晶体**，人们自古就喜欢把珍贵、漂亮的晶体做成首饰。

不过我们也可以通过各种实验，在实验室中造出晶体。
这些都是我们的实验室可以造出的晶体。
人造钻石
人造水晶
人造刚玉
人造石英

海水晒盐是通过**蒸发溶剂**的
方法获得食盐晶体的过程。
海水可以看作是盐的水溶液。在阳光的照射下，海水中的水变成气体蒸发到了空气里，剩下的食盐就结晶出来了。

①收割甘蔗
②榨汁
③自然沉降去杂质
古代制糖是通过**冷却热饱和溶液**的方法获得蔗糖晶体的过程。甘蔗汁可以看作是糖的水溶液。加热甘蔗汁，得到糖的热饱和溶液，此时水中溶解的糖较多。降温后，水中能溶解的糖变少了，不能被溶解的糖就结晶出来了。
④添加石灰去杂质
⑤熬制
⑥冷却成型
糖
太冷了，我都消化不良了。

溶液的“亲戚”——乳浊液

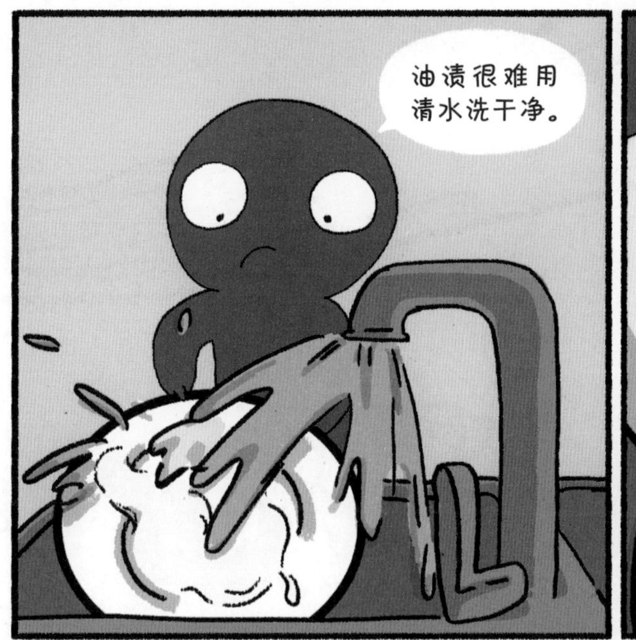
油渍很难用
清水洗干净。

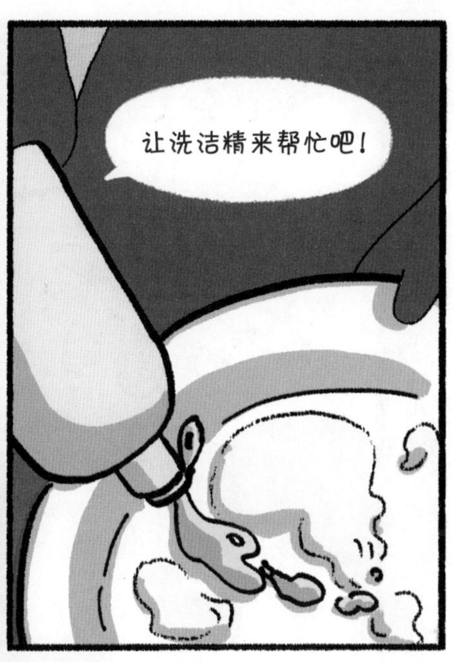
让洗洁精来帮忙吧！

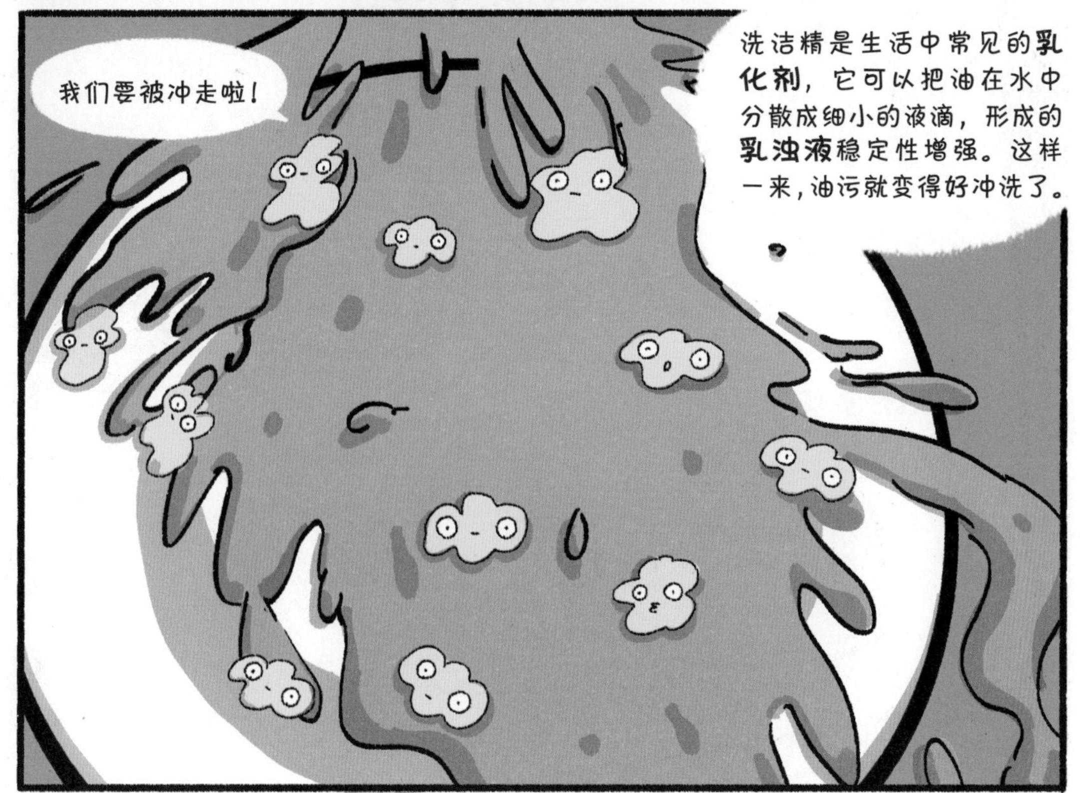
我们要被冲走啦！
洗洁精是生活中常见的**乳化剂**，它可以把油在水中分散成细小的液滴，形成的**乳浊液**稳定性增强。这样一来，油污就变得好冲洗了。

美味饮料

我这里有一份食谱。
工具：
厨房纸
电子秤
搅拌棒
量筒
杯子

首先，我们需要用电子秤分别称出4克可可粉和4克白糖。
4g
4g

接下来，我们需要用量筒量取200毫升牛奶。

把牛奶倒入杯中。

把可可粉和白糖加入牛奶中。

持续搅拌，
让它们加
速溶解。

我们的美味饮料
就这么制成了！

总结

溶液的组成
饱和溶液与
不饱和溶液
水 + 食盐
水 + 油
水 + 铁
水 + 白糖
水中的易溶物和不溶物

乳化
洗洁精
气体的溶解

制作美味饮料
纯牛奶
水
白糖
结晶
碳酸饮料
糖浆
二氧化碳

思考

你会使用图中的物品让**糖在水中**更快**溶解**吗？

下列哪些物质放到水中能得到溶液？
铜粉
Cu
大理石
大理石粉

糖
小苏打

问答收纳盒

什么是溶液？ 溶液是一种或几种物质分散到另一种物质里形成的均一、稳定的混合物。

什么是溶质？ 溶质是溶液中被溶解的物质。

什么是溶剂？ 溶剂是能溶解其他物质的物质。

什么是溶解？ 溶解是指溶质均匀地分散到溶剂中。

什么是饱和溶液和不饱和溶液？ 在一定温度下，向一定量的溶剂里加入某种溶质，当溶质不能继续溶解时，所得到的溶液叫作这种溶质的饱和溶液；还能继续溶解的溶液，叫作这种溶质的不饱和溶液。

什么是溶解度？ 固体的溶解度表示在一定温度下，某固态物质在 100 克溶剂中达到饱和状态时所溶解的质量。气体的溶解度是指该气体在压强为 101 kPa 和一定温度时，在 1 体积水里溶解达到饱和状态时的气体体积。

什么是结晶？ 结晶是指溶质从溶液中析出的过程。制糖和制盐都有结晶的过程。

什么是乳浊液？ 乳浊液是一种液体以小液滴的形式分散在另外一种液体之中形成的混合物。

什么是乳化剂？ 能促使两种互不相溶的液体形成稳定乳浊液的物质叫乳化剂。

思考题答案

148 页　用筷子或勺搅拌，用锅加热，或用研磨工具提前将糖块研磨细。

149 页　糖和小苏打。

作者团队

米莱童书 | 米莱童书 点亮孩子的未来

米莱童书是由国内多位资深童书编辑、插画家组成的原创童书研发平台，2019“中国好书”大奖得主、桂冠童书得主、中国出版“原动力”大奖得主。是中国新闻出版业科技与标准重点实验室（跨领域综合方向）授牌中国青少年科普内容研发与推广基地，曾多次获得省部级嘉奖和国家级动漫产品大奖荣誉。团队致力于对传统童书阅读进行内容与形式的升级迭代，开发一流原创童书作品，使其更加适应当代中国家庭的阅读需求与学习需求。

特约策划： 刘润东

统筹编辑： 于雅致　陈一丁

专家团队： 李永舫　中国科学院院士，高分子化学、物理化学专家　作序推荐

张　维　中科院理化技术研究所研究员，抗菌材料检测中心主任　审读推荐

亓玉田　北京市化学高级教师、省级优秀教师、北京市青少年科技创新学院核心教师　知识脚本创作

漫画绘制： 辛　颖　孙振刚　鲁倩纯　徐　烨　杨　琪　霍霜霞

装帧设计： 刘雅宁　董倩倩　张立佳　马司雯　汪芝灵

图书在版编目（CIP）数据

哇！微观化学世界 / 米莱童书著绘. -- 北京 : 北京理工大学出版社, 2024.4（2024.11重印）

（启航吧知识号）

ISBN 978-7-5763-3422-7

Ⅰ. ①哇… Ⅱ. ①米… Ⅲ. ①化学—少儿读物 Ⅳ. ①O6-49

中国国家版本馆CIP数据核字(2024)第011915号

出版发行 / 北京理工大学出版社有限责任公司
社　　址 / 北京市丰台区四合庄路 6 号
邮　　编 / 100070
电　　话 / （010）82563891（童书售后服务热线）
网　　址 / http: //www. bitpress. com. cn
经　　销 / 全国各地新华书店
印　　刷 / 北京尚唐印刷包装有限公司
开　　本 / 710毫米 × 1000毫米　1 / 16
印　　张 / 9.5
字　　数 / 250千字
版　　次 / 2024年4月第1版　2024年11月第2次印刷
定　　价 / 38.00元

责任编辑 / 王琪美
文案编辑 / 王琪美
责任校对 / 刘亚男
责任印制 / 王美丽